Bibliografische Information der Deutschen Nationalbibliothek:

Die Deutsche Bibliothek verzeichnet diese Publikation in der Deutschen Nationalbibliografie; detaillierte bibliografische Daten sind im Internet über http://dnb.d-nb.de/ abrufbar.

Impressum:

Druck und Bindung: Books on Demand GmbH, Norderstedt Germany
ISBN: 9783668558052

Dieses Buch bei GRIN:

http://www.grin.com/de/e-book/378241/supraleitung-physikalisches-praktikum-fuer-fortgeschrittene

Moritz Lehmann, Niklas Stenger

Supraleitung. Physikalisches Praktikum für Fortgeschrittene

GRIN Verlag

Physikalisches Praktikum für Fortgeschrittene

Universität Bayreuth

Supraleitung

Niklas Stenger, Moritz Lehmann

Gruppe 9

04.09.2017

Inhaltsverzeichnis

1. Zielstellung des Versuches

Die Supraleitung als physikalisches Phänomen wurde 1911 entdeckt und ist seitdem ein wichtiges Phänomen in der Tieftemperaturtechnik. Die Eigenschaft, dass beim Unterschreiten einer gewissen niedrigen Temperatur der elektrische Widerstand eines Materials auf null fällt, scheint zunächst verwunderlich.
Bei diesem Versuch werden wir verschiedene Supraleiter in einem Pumpkryostaten bei sehr niedrigen Temperaturen untersuchen. Wir werden uns mit den Geräten vertraut machen und einige Eigenschaften der Proben bestimmen. Außerdem untersuchen wir das Verschwinden der Supraleitung unter Anlegen eines starken Magnetfeldes.

2. Fragen zur Vorbereitung

a) „Was sind die wichtigsten Unterscheidungsmerkmale der Kryoflüssigkeiten Flüssigstickstoff und Flüssighelium? Vergleichen Sie diese Parameter mit Wasser."
Im Gegensatz zu Stickstoff oder Wasser ist Helium eine einatomige Substanz. Die Heliumatome sind wesentlich kleiner und leichter als Stickstoff- oder Wassermoleküle. Bei Helium treten also keine induzierten Dipol-Dipol-Wechselwirkungen wie bei Stickstoff und Wasser auf, sodass der Siedepunkt bei etwa 4K liegt. Stickstoff und Wasser unterscheiden sich in der Symmetrie der Moleküle. Während das Wassermolekül aus zwei Atomarten gewinkelt aufgebaut ist, was in diesem Fall Wasserstoffbrückenbindungen zur Folge hat, ist das Stickstoffmolekül symmetrisch und aus zwei Atomen des selben Elements aufgebaut, sodass keine polaren Bindungen auftreten. Folglich liegt der Siedepunkt von

Stickstoff bei etwa 77K und der von Wasser bei 373K. In der folgenden Tabelle sind die wesentlichen Eigenschaften zusammengetragen.[1]

Substanz	Helium	Stickstoff	Wasser
Schmelzpunkt	0,95K	63,05K	273,15K
Siedepunkt	4,15K	77,15K	373,15K
Verdampfungsenthalpie	0,0840 kJ/mol	5,58 kJ/mol	44,2 kJ/mol

Wir verwenden Helium, da der Siedepunkt knapp über 4 Kelvin liegt und bei Anlegen eines Vakuums durch das Verdampfen des Heliums weitere Wärme abgezogen werden kann, sodass die Temperatur bis etwa 1 Kelvin herabsinkt.

b) „Wie sehen jeweils die Zusammenhänge Dampfdruck und Verdampfungswärme als Funktion der Temperatur aus?"

Es gilt die Clausius-Clapeyron-Gleichung:

$$\ln\frac{p_2}{p_1}=\frac{\Delta H_{m,V}}{R}\left(\frac{1}{T_1}-\frac{1}{T_2}\right)$$

Hierbei sind beschrieben die Wertepaare (p_1,T_1) und (p_2,T_2) den Zustand des Gases (Dampfdruck und Temperatur). $\Delta H_{m,V}$ ist die molare Verdampfungsenthalpie des Stoffes und $R=8{,}314\frac{J}{mol\cdot K}$ ist die universelle Gaskonstante.

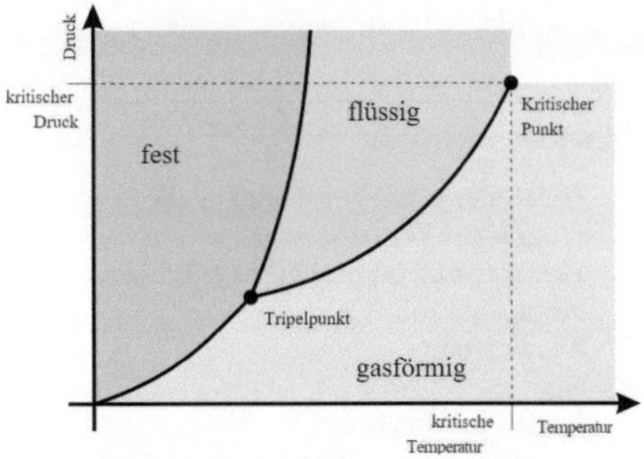

Abbildung 1: Phasendiagramm eines Stoffes ohne Anomalie[2]

Rechts dargestellt ist eine Skizze eines Phasendiagramms. Clausius-Clapeyron beschreibt die Kurve vom Tripelpunkt zum kritischen Punkt, also den Übergang von der flüssigen in die gasförmige Phase. [2]

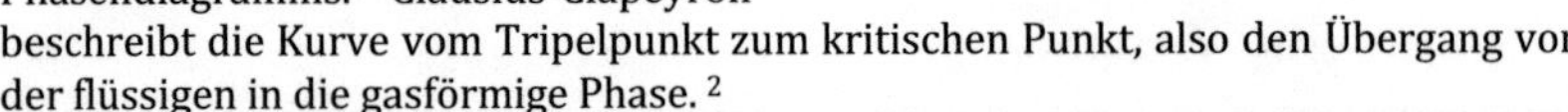

c) „Betrachten Sie die verschiedenen Wärmequellen in Gl. (2). Wie können die einzelnen Beiträge minimiert werden? Kann man nach einer Optimierung prinzipiell beliebig kleine Temperaturen erreichen?"

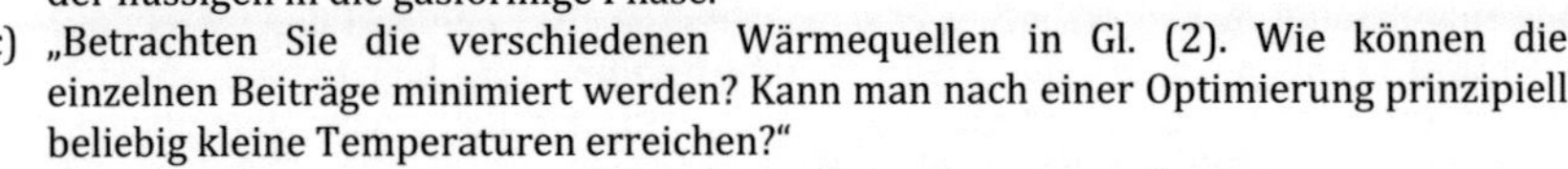

$$\dot{Q}=\dot{n}\cdot L=\dot{Q}_{Leit}+\dot{Q}_{Heiz}+\dot{Q}_{LHe}+\dot{Q}_S+\dot{Q}_{Film}+\dot{Q}_{Säule}$$

Die Aufheizung durch Wärmeleitung $\dot{Q}_{Leit}$ lässt sich verringern, indem man den inneren Teil des Kryostaten mit sehr schlecht wärmeleitenden Materialien befestigt.

Die Joulsche Aufheizung $\dot{Q}_{Heiz}$ durch die Experimente kann durch eine kleinere Probengröße oder durch geringere Ströme für die Messvorrichtungen minimiert werden.

Die Erwärmung durch zufließendes Helium $\dot{Q}_{LHe}$ kann minimiert werden, indem die Zuflussrate so gering wie möglich gehalten wird.

Die Aufheizung durch die Wärmestrahlung $\dot{Q}_S$ kann nicht verhindert werden, allerdings lässt sie sich durch ein Vakuum verringern.

Die Wärmeleitung durch den suprafluiden Heliumfilm $\dot{Q}_{Film}$ und die Helium-Flüssigkeitssäule $\dot{Q}_{Säule}$ lassen sich nicht vermeiden. Man müsste eine andere Kryoflüssigkeit verwenden, aber bei der angezielten Temperatur von einem Kelvin gibt es keine Alternative zu Helium.

Folglich kann man das Kryostat optimieren, aber beliebig kleine Temperaturen lassen sich nicht erreichen. Das ist auch die Aussage des dritten Hauptsatzes der Thermodynamik und resultiert daraus, dass für sehr niedrige Temperaturen die Entropie praktisch nicht mehr von den thermodynamischen Zustandsgrößen abhängt.

d) „Welchen Vorteil bringt die R-Messung mit Wechselstrom und Lock-In Verstärker gegenüber der Gleichstrommessung?"
Die zu messenden Spannungen sind im Bereich von Nanovolt. Eine Gleichspannung in diesem Bereich kann nicht von einem statischen Messfehler unterschieden werden. Durch die Wechselstrommessung mit Lock-In-Verstärker kann das Signal mit der zu untersuchenden Frequenz vom Rauschen isoliert werden, was eine genaue Messung erst möglich macht.

e) „Wodurch wird der elektrische Widerstand eines Metalls bestimmt? Wie variiert er mit der Temperatur? Warum wird er unterhalb von 10 K nahezu temperaturunabhängig?"
Die freien Elektronen in Metallen werden bei Raumtemperatur immer wieder durch Stöße mit den Atomrümpfen gebremst. Das Atomgitter des Metalls ist nicht fixiert, sondern die Atome führen innerhalb des Gitters eine thermisch bedingte Bewegung aus. Bei typischen Metallen sinkt der elektrische Widerstand mit sinkender Temperatur, allerdings gibt es Ausnahmen wie beispielsweise die Legierung Konstantan, deren Widerstand in einem gewissen Bereich temperaturunabhängig ist. Bei sehr niedrigen Temperaturen nahe des um 10K sind die Atomkerne so unbeweglich, dass sich die Elektronen nur noch durch Stöße an Fremdatomen oder Fehlern in der Kristallstruktur gebremst werden. Der Widerstand ist in diesem Bereich daher noch nicht Null. Gleichzeitig ist der Widerstand nicht mehr abhängig von der Temperatur, da die Atomrümpfe bei 10K unbeweglich sind.

f) „Nennen Sie Methoden zur Temperaturmessung bei tiefen Temperaturen."
Die gängigste Methode ist der elektrische Übergang zwischen zwei unterschiedlichen Metallen. Eine der Kontaktstellen ist der eigentliche Sensor, die zweite Kontaktstelle liegt außerhalb des zu messenden Temperaturbereiches und dient als Referenztemperatur. Die Differenz der Temperaturen an Mess- und Referenzstelle kann exakt über die durch den thermoelektrischen Effekt entstehende Spannung bestimmt werden. Wenn mit einem weiteren Sensor die Temperatur der Referenzstelle bekannt ist, kann daraus die absolute Temperatur an der Messstelle berechnet werden.
Alternativ kann die Temperatur über die temperaturabhängige Leitfähigkeit einer bekannten Legierung bestimmt werden.

g) „Nennen Sie Kriterien zur Auswahl eines geeigneten Thermometers und der besten Messmethode."
Die meisten Metalle werden bei sehr niedrigen Temperaturen supraleitend und sind daher für die Variante 2 der Antwort bei f) ungeeignet. Variante 2 ist im Allgemeinen auch nicht besonders genau, da die Länge des Metallstückes exakt bekannt sein muss und die Drähte zum Metallstück einem Temperaturgradienten ausgesetzt sind.
Demnach wäre ein geeignetes Thermoelement besser geeignet, wobei ebenfalls auf die Wahl geeigneter Metalle geachtet werden muss.
Die Kriterien sind folglich, dass bei den verwendeten Materialien keine Supraleitung eintritt und dass der Widerstand auch nicht wie bei e) beschrieben temperaturunabhängig wird.

h) „Warum wird in diesem Versuch statt eines Pt-100 Widerstandes ein Germanium-Widerstand zur Temperaturmessung verwendet?"

Germanium ist ein Halbleiter und hat daher eine sehr niedrige elektrische Leitfähigkeit. Es wird bei den Temperaturen in unserem Kryostat (über 1K) nicht supraleitend. Platin hätte stattdessen bei dieser Temperatur einen nahezu temperaturunabhängigen Restwiderstand und wäre daher ungeeignet.

i) „Beschreiben Sie den Meissner-Ochsenfeld-Effekt bzw. den Unterschied zwischen einem idealen Leiter (ρ = 0) und einem Supraleiter (ρ = 0 und χ = -1)."
Ein Supraleiter verdrängt ein bereits vor der Temperaturabkühlung anliegendes äußeres Magnetfeld beim Eintritt der Supraleitfähigkeit vollständig aus seinem Inneren, ein idealer Leiter nicht. Ein Supraleiter ist also nicht nur ideal elektrisch leitend, sondern hat auch die Eigenschaft eines idealen Diamagneten. Der Meissner-Effekt tritt daher nur beim Supraleiter auf.
Der Meissner-Ochsenfeld-Effekt beschreibt die Eigenschaft von Supraleitern, ein äußeres Magnetfeld vollständig aus ihrem Inneren zu verdrängen.

j) „Wodurch unterscheiden sich Supraleiter 1. und 2. Art? Nennen Sie typische Vertreter."
Im Gegensatz zu Supraleitern erster Art lassen Supraleiter zweiter Art jenseits des überkritischen Magnetfeldes ein tunnelförmiges Magnetfeld in ihrem Inneren zu, sodass die Supraleitung durch das überkritische Magnetfeld nicht instantan zerstört wird. Folglich sind Supraleiter zweiter Art auch noch bei Anlegen eines überkritischen Magnetfeldes supraleitend und Supraleiter erster Art nicht. Die Magnetfeldstärke ist dabei materialspezifisch. Typische Vertreter erster Art sind die meisten Metalle, zum Beispiel Aluminium, Blei oder Wolfram. Vertreter der zweiten Art sind die Hochtemperatursupraleiter, beispielsweise Yttrium-Barium-Kupferoxide.

k) „Welche Rolle spielen die Phononen bei der Supraleitung?"
Virtuelle Phononen bezeichnen hier die Quanten der Gitterschwingungen eines Materials. Bei hohen Temperaturen sind diese in Metallen stark ausgeprägt und verursachen den elektrischen Widerstand. In unserem Versuch wird die Probe so weit heruntergekühlt, dass keine Phononen mehr vorhanden sind und die Elektronen sogenannte Cooper-Paare ausbilden. Erklären lasst sich das Phänomen, indem ein Elektron beim Durchqueren des Metallgitters die positiven Atomrümpfe zusammenzieht. Diese Polarisation des Atomgitters zieht ein zweites Elektron an das erste heran. Cooper-Paare befinden sich quantenmechanisch alle im selben Zustand. Deshalb reichen Fremdatome und Fehler in der Gitterstruktur nicht aus, um alle Cooper-Paare gleichzeitig energetisch zu beeinflussen. Der elektrische Widerstand verschwindet vollständig. Dies ist auch als BCS-Theorie bekannt.

l) „Welche Einzelphänomene tragen zur spezifischen Wärme bei?"
In unserem Versuch werden wir die spezifische Wärme einer Niob-Zinn-Probe bei einer Temperatur zwischen 5K und 25K untersuchen. Uns interessiert daher das Debye-Modell der spezifischen Wärme für Festkörper bei niedrigen Temperaturen.
Der dominierende Anteil in diesem Modell ist durch die Gitterschwingungen gegeben. Der Anteil des Elektronengases ist vernachlässigbar. Die spezifische Wärmekapazität für niedrige Temperaturen ist gegeben durch

$$C_V = \underbrace{\tfrac{12}{5}\pi^4 k_B \cdot N \cdot \frac{1}{{\Theta_D}^3} \cdot T^3}_{\text{Phononen}} + \underbrace{\tfrac{1}{2}\pi \frac{v n_e {k_B}^2}{E_F} \cdot T}_{\text{Elektronen}} =: A \cdot T^3 + \gamma \cdot T$$

wobei k_B der Boltzmann-Faktor ist, N, v, n_e und E_F die Anzahl der Atome, das molare Volumen, die Elektronendichte und die Fermienergie der Probe sind, und Θ_D die Debye-Temperatur ist, welche ebenfalls eine materialspezifische Größe ist. Für hohe Temperaturen dominiert der Phononen-Anteil, für tiefe Temperaturen der Elektrionen-Anteil. Beim Übergang zur Supraleitung verschwindet der Phononenanteil komplett.

m) „Erklären Sie die beiden wichtigsten Messmethoden zur Bestimmung der spezifischen Wärme."

Variante 1: Man erwärmt die Probe mit einer bekannten Heizleistung und misst die Zeit, bis die Probe eine gewisse Temperatur angenommen hat.

Variante 2: Man verbindet zwei unterschiedliche Proben bekannter Masse mit anfangs unterschiedlichen und bekannten Temperaturen, wartet bis beide eine einheitliche Temperatur angenommen haben und misst diese Temperatur. Die spezifische Wärme einer der Proben muss dabei im Voraus bekannt sein, die der anderen Probe lässt sich aus der Messung berechnen.

Bei der ersten Methode ist es wichtig, dass das Ergebnis nicht durch die Umgebungstemperatur verfälscht wird, was auftreten kann, wenn die Probe zusätzlich zur Heizleistung Energie von der Umgebung aufnimmt oder abgibt.

3. Versuchsaufbau und Messtechniken

Der in diesem Versuch verwendete Pumpkryostat ist in einem Becken aus 4,2K kaltem flüssigem Helium eingetaucht, um die Aufheizung durch Strahlung von außen so gering wie möglich zu halten. Zudem ist der Kryostat zum Heliumbecken hin durch ein Vakuum isoliert. Damit innerhalb des Kryostaten noch geringere Temperaturen vorherrschen können, fließt von außen durch eine dünne Impedanz kontinuierlich flüssiges Helium ins Innere, wo es durch Anlegen eines Vakuums zum Verdampfen gebracht wird. Dadurch können Temperaturen bis 1K erreicht werden.

Im Kryostaten sind die drei zu untersuchenden Proben bereits eingesetzt.

Als Temperatursensor im Inneren des Kryostaten wird ein Germanium-Widerstand verwendet. Mittels eines Digitalmultimeters kann über die Messung des Widerstandes präzise die Temperatur bestimmt werden.

Im Kryostaten selbst ist neben den Proben noch eine Heizspule eingebaut, welche zur Bestimmung der Kühlleistung des Aufbaus dienen wird.

Zur Messung des elektrischen Widerstandes der Proben steht zudem ein Lock-In-Verstärker zur Verfügung, welcher Spannungen im Bereich weniger Nanovolt vom Hintergrundrauschen abheben kann.

4. Messprotokoll

Vor Beginn der eigentlichen Experimente bereiten wir den Versuchsaufbau vor. Dazu gehören die Messung des Füllstandes der Helium-Vorratskanne, die Überprüfung der elektronischen Messgeräte sowie die Einstellung des Lock-In-Verstärkers.

4.1. Bestimmung des el. Widerstandes eines Metalls zwischen Zimmertemperatur und 4,2K

Beim Herunterkühlen des Kryostaten verfolgen wir den elektrischen Widerstand von Probe 1 und deren Temperatur.
Wir stellen bei etwa 10K einen spontanen Abfall des Widerstandes auf fast Null fest. Aufgrund eines Softwarefehlers müssen wir allerdings bei der Auswertung auf die Werte eines anderen Datensatzes zurückgreifen.

4.2. Messung der spezifischen Wärme einer Nb_3Sn-Probe zwischen 5K und 25K

Die Probe ist schwach an den 1K-Topf gekoppelt und wird zunächst mithilfe eines Austauschgases auf 5K heruntergekühlt. Das Austauschgas wird abgepumpt, sodass die Probe nicht mehr thermisch an die Umgebung gekoppelt ist. Mit einem Heizer wir die Probe mit bekannten Energiemengen erwärmt. Die Temperaturänderung verfolgen wir mit einem Germanium-Thermometer, das sich an der Probe befindet. Daraus bestimmen wir die spezifische Wärme der Probe.
Aufgrund eines Lecks in unserer Apparatur können wir diese Messung leider nicht durchführen. Wir werden daher für die Auswertung einen anderen Datensatz verwenden.

4.3. Feststellung der Temperatur bei Verschwinden des el. Widerstandes von Probe 1

Via 4-Punkt-Methode messen wir den Widerstand von Probe 1. Der Lock-In-Verstärker stellt mit dem Referenzsignal Wechselspannung bereit und misst gleichzeitig über das Eingangssignal den Widerstand der Probe.
Wir messen wie bei 4.1. den Verlauf der Temperatur. In der Messung heizen wir die Probe zunächst etwas auf, sodass die Probe nicht mehr supraleitend wird und anschließend schalten wir die Heizung ab und beobachten, wie der Widerstand wieder abfällt.

4.4. Messung der Kühlleistung des Kryostaten zwischen 1,3K und 4,2K

Die Kühlleistung hängt von der Saugleistung der Pumpe sowie dem Aufbau an sich ab, ist also eine für den Kryostaten spezifische Größe. Sie beschreibt die maximale von außen zugeführte Wärmeleistung, bei der die Temperatur im Kryostaten sich noch nicht erhöht. Im Kryostaten befindet sich stets eine gewisse Menge flüssiges Helium. Wird der Kryostat zu stark aufgeheizt, verdampft dieses Helium. Erst wenn das gesamte Helium verdampft ist, kann sich der Kryostat erwärmen. Wir werden also durch Erhöhen der Heizleistung versuchen, langsam den Punkt zu erreichen, an dem das gesamte Helium verdampft ist. Die Heizleistung an diesem Punkt ist gleich mit der Kühlleistung der Apparatur.
Bei der Messung erhöhen wir beginnend bei 0μA alle 15 Minuten den Heizstrom um 80μA und warten zwischendurch darauf, dass überschüssiges Helium im Kryostaten verdampft. Damit verhindern wir den Overload des Kryostaten.
Durch den defekten Stecker konnte leider flüssiges Helium in den Kryostaten eindringen, sodass unsere Messwerte nicht den gewünschten physikalischen Zusammenhang liefern.

4.5. Nachweis des Übergangs in den supraleitenden Zustand durch Messung der Temperaturabhängigkeit der magnetischen Suszeptibilität bei Probe 3

Um die Probe 3 herum sind drei Spulen in drei Ebenen aufgebaut. Die Primärspule ganz außen wird durch einen Frequenzgenerator betrieben und induziert in der in die selbe Richtung gewickelten Sekundärspule ganz innen sowie in der zweiten entgegengesetzt gewickelten Sekundärspule in der Mitte eine Spannung. Die zwei Sekundärspulen sind so justiert, dass die induzierte Spannung ohne Probe im Inneren verschwindet. Die Probe verstimmt den Aufbau. Das Referenzsignal des Lock-In-Verstärkers ist an die mittlere Spule angeschlossen und die innere Spule ist die Signalquelle.

Weil pro Messreihe nur maximal 2000 Datenpunkte möglich sind, messen wir pro Magnetfeldstärke zweimal: einmal beim Erhöhen und einmal beim Erniedrigen der Temperatur. Dadurch vermeiden wir Hysterese.

Bei unseren Messungen (0A, 0,2A, 0,4A, 0,6A, 0,8A, 1,0A) wurde das Signal ab 0,6A durch eine sehr starke Oszillation gestört, sodass dem Graphen keinerlei Zusammenhang mehr entnehmbar war. Wir verwenden daher auch hier einen anderen Datensatz.

4.6. Zerstörung der Supraleitung der Probe 3 durch Einschalten eines überkritischen Magnetfeldes. Bestimmung der Temperaturabhängigkeit des kritischen Magnetfeldes in diesem Supraleiter

Der Versuchsaufbau hier ist identisch mit dem bei 4.5. Weil die Messung wegen defekter Gerätschaften missglückte, verwenden wir einen anderen Datensatz.

5. Auswertung

5.1. Bestimmung des el. Widerstandes eines Metalls zwischen Zimmertemperatur und 4,2K

Für die Auswertung mussten wir zunächst den Widerstand des ersten Germanium-Thermometers in die richtige Temperatur umrechnen. Anhand einer Wertetabelle fitteten wir dafür folgenden Zusammenhang: $T_1(R) = 252 \cdot R^{-0,5104}$

Wir erhalten die Temperaturabhängigkeit des Widerstandes unserer Probe:

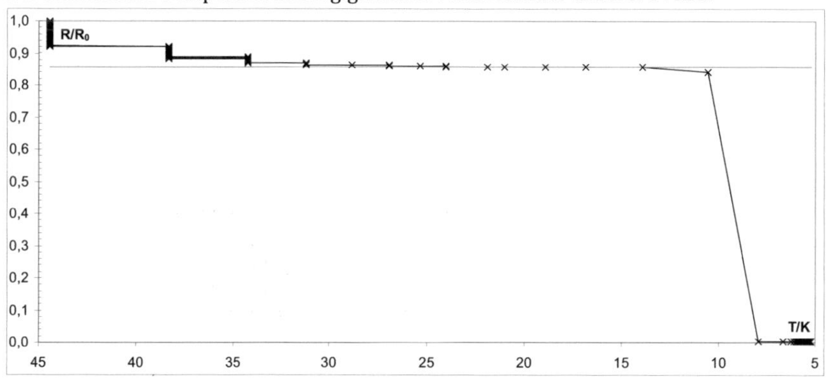

Abbildung 2: Abhängigkeit des Widerstandes von Probe 1 von der Temperatur

Den Restwiderstand der Probe, der sich durch ein Plateau vor dem Abfall zur Supraleitfähigkeit auszeichnet, bestimmen wir zu

$$R_{Rest} = (0{,}858 \pm 0{,}005) R_0 .$$

Der Restwiderstand ist überraschend hoch, obwohl er nur durch Fremdatome und Fehler im Kristallgitter hervorgerufen wird. Unsere Probe ist also weit entfernt von einem perfekten Monokristall.

5.2. Messung der spezifischen Wärme einer Nb_3Sn-Probe zwischen 5K und 25K

Analog zu 5.1. berechnen wir zunächst den Zusammenhang zwischen Widerstand und Temperatur für das zweite Germanium-Thermometer. Wir erhalten $T_2(R) = 147{,}63 \cdot R^{-0{,}4472}$. Wir plotten den Temperaturverlauf in der Probe in Abhängigkeit von der Zeit. Die Probe wurde mit einer konstanten Heizleistung erwärmt.

$$P_{Heiz} = U_H \cdot I_H = R_H \cdot I_H^{\ 2} = 361{,}9\Omega \cdot \left(2 \cdot 10^{-3} A\right)^2 = 1{,}448 mW$$

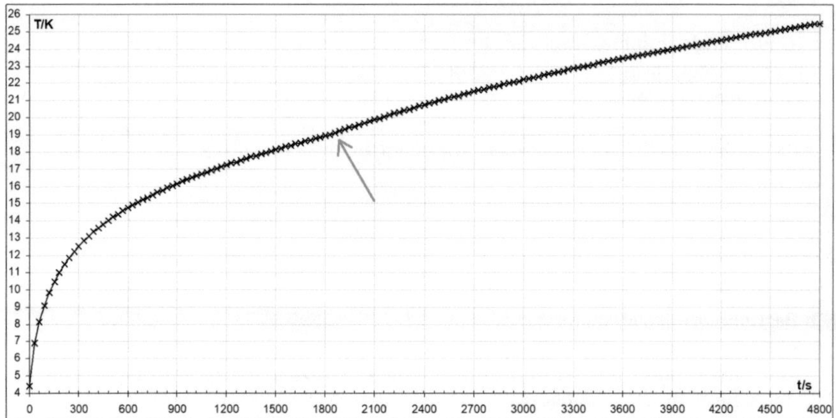

Abbildung 3: Zeitabhängiger Anstieg der Temperatur der Nb_3Sn-Probe bei konstanter Heizleistung. Der Pfeil zeigt den Knick in der Kurve.

Auffällig ist ein schwacher Knick der Kurve bei $t = (1860 \pm 60)s$, welcher den Übergang aus der Supraleitung markiert.

Wir wollen nun die spezifische Wärmekapazität der Probe in Abhängigkeit von der Temperatur bestimmen. Diese ist definiert als

$$c = \frac{\Delta Q}{m \cdot \Delta T} = \frac{\Delta t \cdot U_H \cdot I_H}{m \cdot \Delta T} = \frac{\Delta t \cdot R_H \cdot I_H^{\ 2}}{m \cdot \Delta T}$$

Wir wissen, dass der Heizstrom $I_H = 2 \cdot 10^{-3} A$ beträgt, die Masse der Probe $m = 0{,}029 kg$ ist und dass der Heizwiderstand $R_H = 361{,}9\Omega$ beträgt. Wir berechnen zwischen all unseren Messwerten die spezifische Wärmekapazität und tragen sie gegen die Mittelwerte zwischen unseren Temperaturmessungen auf, um eine Asymmetrie des rechtsseitigen Differenzenquotienten zu vermeiden.

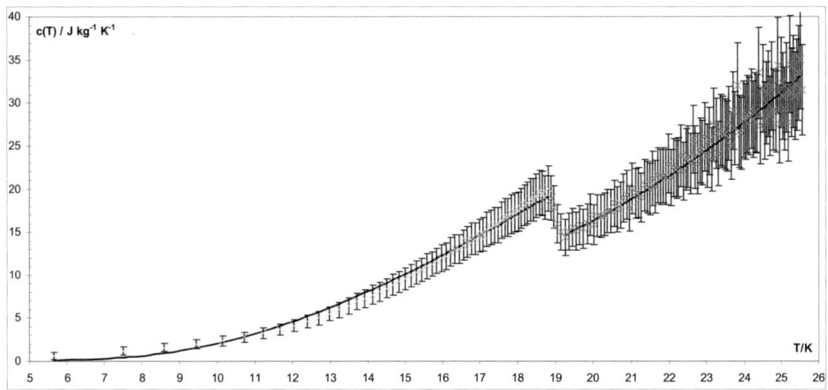

Abbildung 4: Spezifische Wärmekapazität der Nb_3Sn-Probe in Abhängigkeit von der Temperatur

Im resultierenden Graphen ist der Knick des Phasenübergangs deutlich zu erkennen. Anhand dieses Graphen lässt sich die Sprungtemperatur zu $T_C = (19{,}0 \pm 0{,}1)K$ ablesen. Der Literaturwert[3] für Nb_3Sn beträgt $T_C = 18K$. Ein möglicher Grund für die Abweichung ist, dass die Probe kontinuierlich aufgeheizt wurde und für die einzelnen Messungen nicht auf das Einstellen eines Gleichgewichts gewartet wurde.

Wir fitten gemäß dem theoretischen Modell den supraleitenden Teil der Kurve mit

$$c(T) = 235 \cdot e^{-\frac{47{,}2K}{T}} \frac{J}{kg \cdot K}$$

und den nicht-supraleitende Teil mit

$$c(T) = \left(\frac{0{,}048}{K} \cdot T + \frac{0{,}00192}{K^3} \cdot T^3\right) \frac{J}{kg \cdot K}.$$

5.3. Feststellung der Temperatur bei Verschwinden des el. Widerstandes von Probe 1

Wir gehen wieder wie bei 5.1. vor, diesmal sind unsere Daten jedoch auf den Bereich des Übergangs in die Supraleitfähigkeit begrenzt:

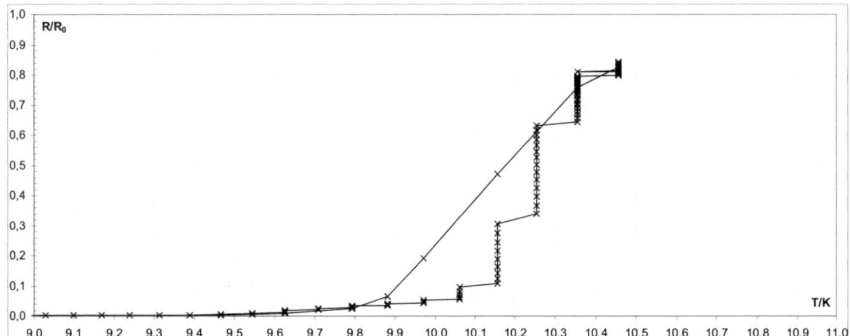

Abbildung 5: Abhängigkeit des Widerstandes von Probe 1 von der Temperatur mit Fokus auf das Abfallen des Widerstandes auf Null beim Eintritt der Supraleitfähigkeit

Der Anstieg auf der rechten Seite ist die Temperaturerhöhung. Die Abkühlung der Probe erfolgte sehr viel schneller. Aufgrund der Digitalisierung erscheint die Temperatur stufig.

Die Breite des Übergangs bestimmen wir als die Temperaturdifferenz der Temperaturen bei $0{,}1 \cdot R_{\mathrm{Rest}}$ und $0{,}9 \cdot R_{\mathrm{Rest}}$ zu

$$\Delta T_C = (10{,}36 - 9{,}97 \pm 0{,}10)K = (0{,}39 \pm 0{,}10)K\,.$$

Die Sprungtemperatur bestimmen wir zu

$$T_C = (\tfrac{1}{2}(10{,}36 + 9{,}97) \pm 0{,}10)K = (10{,}17 \pm 0{,}10)K\,.$$

Als Ursache für die Breite des Übergangs vermuten wir Inhomogenitäten sowohl in der Temperaturverteilung innerhalb der Probe als auch in der Beschaffenheit der Probe. Zudem lässt sich im Graphen Hysterese erkennen. Das Thermometer an der Probe nimmt die Temperatur der Probe leicht verzögert an.

5.4. Messung der Kühlleistung des Kryostaten zwischen 1,3K und 4,2K

Unsere Messergebnisse entsprechen nicht dem zu erwartenden Zusammenhang. Zu erwarten wäre zunächst eine horizontale Gerade, die dann mit einem Knick in eine steigende Gerade übergeht, sobald das gesamte Helium im 1K-Topf verdampft ist. Bei unserer Messung konnte es zu dem erwarteten Ergebnis aufgrund eines Lecks leider nicht kommen, da dauerhaft unkontrolliert Helium einströmen konnte.

P/W	T/K
0,00000	2,604532
0,00027	2,898792
0,00109	3,034456
0,00246	3,184592
0,00437	3,319815
0,00683	3,489733
0,00984	3,627512
0,01339	3,772460
0,01749	3,930216
0,02214	4,149388

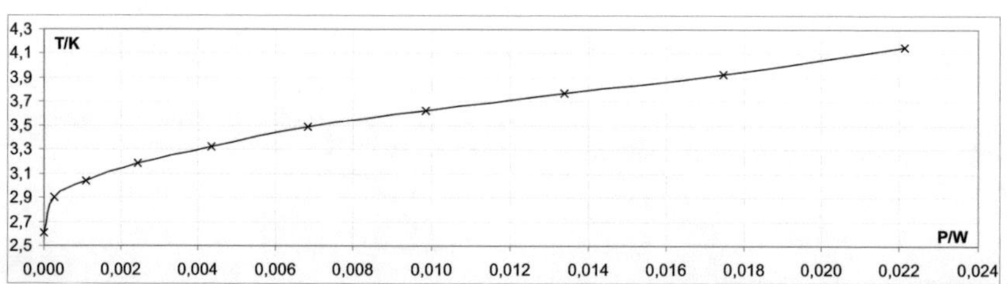

Abbildung 6: Temperatur des 1K-Topfes unseres Kryostaten in Abhängigkeit von der eingestellten Heizleistung

Trotzdem können wir zumindest die Größenordnung der Kühlleistung des defekten Kryostaten auf $P_{Cooling} \approx 10^{-3}W$ abschätzen, da ab diesem Bereich die Temperatur recht linear ansteigt.

5.5. Nachweis des Übergangs in den supraleitenden Zustand durch Messung der Temperaturabhängigkeit der magnetischen Suszeptibilität bei Probe 3

Die Umrechnung des Widerstandes in die Temperatur erfolgt hier wieder für das erste Germanium-Thermometer.

Beim Auswerten unserer eigenen Messung fiel auf, dass bei den Messreihen ab 0,4A nahezu kein Signal des Lock-In-Verstärkers mehr ankam, sondern nur noch Rauschen. Die ersten beiden Messungen hingegen funktionierten noch.

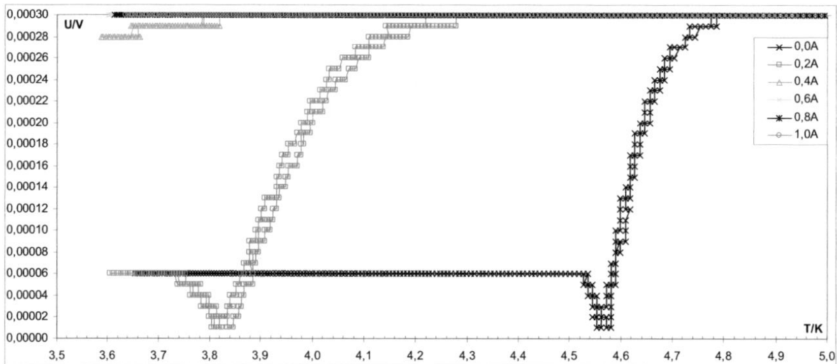

Abbildung 7: Eigene Messung der Suszeptibilität von Probe 3. Ab einem Spulenstrom von 0,4A konnte nur noch ein Rauschsignal gemessen werden.

Wir verwenden aufgrund der fehlerhaften Messung auch hier einen anderen Datensatz. Bei dem Datensatz fehlt jedoch die Messung bei 0,6A. Außerdem wurden die Datenreihen jeweils in einer Messung mit weniger als 2000 Messpunkten durchgeführt, sodass starke Hysterese auftritt.

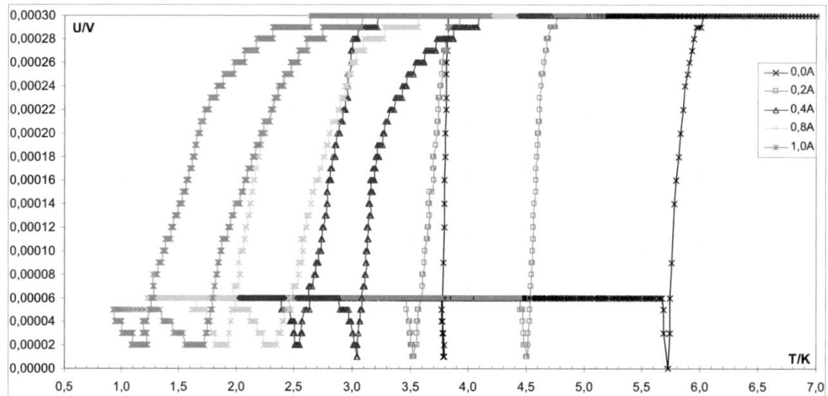

Abbildung 8: Datensatz der Suszeptibilitätsmessung von Probe 3. Auffällig ist die starke Hysterese der Messreihen.

Sowohl bei unseren eigenen Messungen als auch bei dem Datensatz ist zu erkennen, dass die gemessene Spannung beim Verändern der Temperatur zunächst nach unten ausschwingt. Die gemessene Spannung ist nicht direkt proportional zur Suszeptibilität, sondern zu deren Betrag. Das Ausschwingen nach unten stellt den Nulldurchgang des Verlaufes der Suszeptibilität dar und das Plateau bei etwa $U \approx 0{,}06mV$ repräsentiert eine negative Suszeptibilität, idealerweise in korrekter Skalierung $\chi = -1$, was charakteristisch für die Supraleitung ist.

5.6. Zerstörung der Supraleitung der Probe 3 durch Einschalten eines überkritischen Magnetfeldes. Bestimmung der Temperaturabhängigkeit des kritischen Magnetfeldes in diesem Supraleiter

Für die Bestimmung der Temperatur, bei der das untere Plateau erreicht ist, verwenden wir der Konsistenz halber nur den bereitgestellten Datensatz und lesen dort aufgrund der stark ausgeprägten Hysterese den Mittelwert der Temperatur bei Erreichen des unteren Plateaus ab. Aufgrund der Hysterese nehmen wir für die Temperatur die halbe Breite der Hysterese beziehungsweise für die Kurven bei Strömen ab 0,4A durch das Ausschmieren der Kurven die volle Breite der Hysterese an. Wir erhalten folgende Werte:

I_{FC}/A	T_C/K	B_C/T	T_C^2/K^2	s_T/K
0,0	4,72	0,0000	22,2784	0,95
0,2	3,92	0,0196	15,3664	0,48
0,4	2,65	0,0392	7,0225	0,50
0,8	1,82	0,0784	3,3124	0,50
1,0	1,13	0,0980	1,2769	0,50

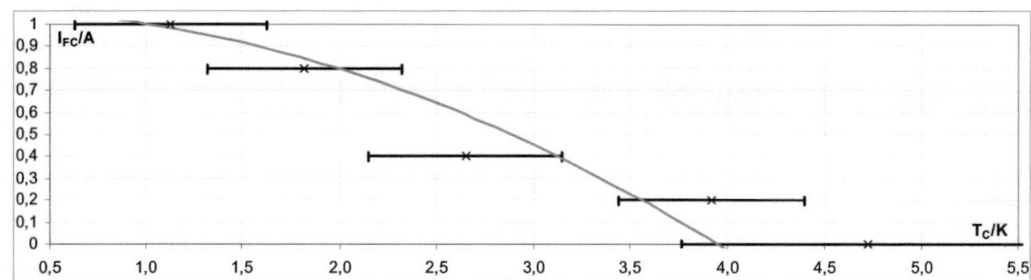

Abbildung 9: Kritischer Spulenstrom in Abhängigkeit von der Temperatur bei Zerstörung der Supraleitfähigkeit von Probe 3

Wir fitten die Parabel

$$I_{FC}(T) = I_{FC}(0) \cdot \left(1 - \left(\frac{T}{T_C}\right)^2\right)$$

mit $T_C(I_{FC} = 0) = (3{,}95 \pm 0{,}5)K$ und $I_{FC}(0) = (1{,}07 \pm 0{,}51)A$

In Abhängigkeit von $T_C^{\,2}$ sieht der Plot so aus:

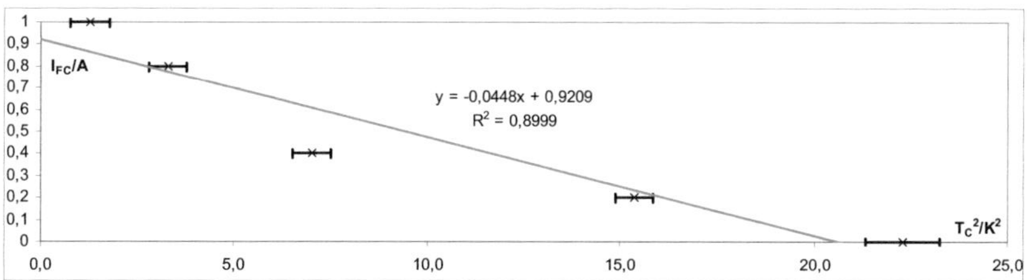

Abbildung 10: Auftragung des kritischen Spulenstroms in Abhängigkeit von der quadrierten Temperatur. Die Messwerte sollten auf einer Geraden liegen.

Wir rechnen auch den eingestellten Spulenstrom in das vorherrschende Magnetfeld um:

$$B_C = 0{,}098\tfrac{T}{A}\cdot I_{FC}$$

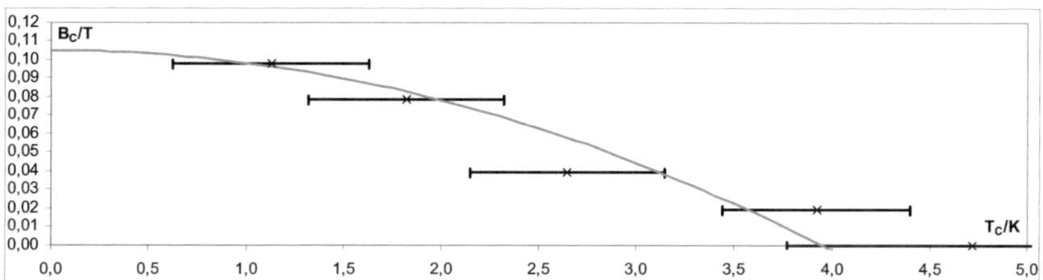

Abbildung 11: Kritisches Magnetfeld in Abhängigkeit von der Temperatur beim Zerstören der Supraleitfähigkeit von Probe 3. Das Magnetfeld ist direkt proportional zum Spulenstrom. Die Messwerte sollten eine Parabel ergeben.

Anhand des Zusammenhangs

$$B_C(T) = B_C(0)\left(1-\left(\frac{T}{T_C}\right)^2\right)$$

fitten wir das kritische Magnetfeld bei $T_C = 0$ sowie die kritische Temperatur bei $B_C = 0$ zu $B_C(T_C = 0) = (0{,}105 \pm 0{,}050)T$ und $T_C(B_C = 0) = (3{,}95 \pm 0{,}5)K$. Die Fehler haben wir basierend auf unserem Fit abgeschätzt.

6. Fazit

Nun kennen wir also die physikalischen Grundlagen der Supraleitung. Moderne Anwendungen dieses Wissens finden sich bei NMR-Tomographen in der Medizin oder der Materialforschung – überall, wo starke Magnetfelder benötigt werden. Hierbei werden aus supraleitenden Kabeln Spulen gebaut, durch die ein starker Strom fließt, solange die Kühlung aktiv ist. Das senkt den Energieverlust durch die unerwünschte Abgabe von Wärme. Nennenswert ist auch die Anwendung in den Ringspulen, deren Magnetfelder bei experimentellen Fusionsreaktoren einen Behälter für Plasma bilden.
Zuletzt weisen wir nochmals darauf hin, dass der Kryostat repariert werden sollte.

7. Quellenverzeichnis

Versuchsanleitung
http://www.praktika.physik.uni-bayreuth.de/Supraleitung.pdf
(Aufrufdatum: 04.09.2017)

1 https://de.wikipedia.org/wiki/Helium, https://de.wikipedia.org/wiki/Stickstoff, https://de.wikipedia.org/wiki/Wasser, Aufrufdatum: 15.09.2017

2 https://upload.wikimedia.org/wikipedia/commons/0/00/Phasendiagramme.svg, Aufrufdatum: 15.09.2017

3 V. Guritano et al. (2004). Specific heat of Nb_3Sn: The case for a second energy gap